Bartholomew Terfa Dansoho
Esther Nguper Dansoho
Oryina Ikpenge

ABASTECIMENTO E CONSUMO DE ÁGUA EM TARKA LGA, ESTADO DE BENUE, NIGÉRIA

ABASTECIMENTO E CONSUMO DE ÁGUA EM TARKA LGA, ESTADO DE BENUE, NIGÉRIA

Bartholomew Terfa Dansoho
Esther Nguper Dansoho
Oryina Ikpenge

ABASTECIMENTO E CONSUMO DE ÁGUA EM TARKA LGA, ESTADO DE BENUE, NIGÉRIA

ScienciaScripts

Imprint

Any brand names and product names mentioned in this book are subject to trademark, brand or patent protection and are trademarks or registered trademarks of their respective holders. The use of brand names, product names, common names, trade names, product descriptions etc. even without a particular marking in this work is in no way to be construed to mean that such names may be regarded as unrestricted in respect of trademark and brand protection legislation and could thus be used by anyone.

Cover image: www.ingimage.com

This book is a translation from the original published under ISBN 978-620-7-81121-2.

Publisher:
Sciencia Scripts
is a trademark of
Dodo Books Indian Ocean Ltd. and OmniScriptum S.R.L publishing group

120 High Road, East Finchley, London, N2 9ED, United Kingdom
Str. Armeneasca 28/1, office 1, Chisinau MD-2012, Republic of Moldova, Europe
Printed at: see last page
ISBN: 978-620-8-02882-4

DEDICAÇÃO

Este trabalho é dedicado a Deus Todo-Poderoso.

Índices

CAPÍTULO I 4

INTRODUÇÃO 4

CAPÍTULO DOIS 10

REVISÃO DA LITERATURA 10

CAPÍTULO TRÊS 34

METODOLOGIA 34

CAPÍTULO QUATRO 39

APRESENTAÇÃO, ANÁLISE, RESULTADOS E DISCUSSÃO DOS DADOS 39

CAPÍTULO CINCO 59

RESUMO, CONCLUSÃO E RECOMENDAÇÃO 59

RESUMO

Este estudo "Abastecimento e consumo de água em Wannune, Tarka LGA, Estado de Benue, Nigériae" foi realizado com o objetivo de descobrir as principais fontes de abastecimento e consumo de água entre a população de Wannune. O estudo também examinou o estado do abastecimento de água na zona e investigou o padrão de consumo de água da população. As seguintes questões de investigação foram formuladas para orientar este estudo. Adoptando o método de investigação de inquérito quantitativo, o estudo descobriu que existem fontes divergentes de abastecimento de água em Wannune, que incluem furos, poços, água da chuva e outras fontes. Além disso, as conclusões do estudo indicaram que existe um elevado nível de escassez de água em Wannune. As conclusões também demonstraram que os inquiridos utilizam a água para vários fins. Estes incluem tomar banho, lavar-se, ir à casa de banho, beber e cozinhar. O estudo concluiu que existe uma grave escassez de água em Wannune. Por conseguinte, o estudo recomendou, entre outras coisas, que o governo, os indivíduos bem-intencionados e as organizações não governamentais ou agências doadoras criem água canalizada e mais furos.

CAPÍTULO UM

INTRODUÇÃO

1.1 Contexto do estudo

A água é um dos cinco elementos essenciais que compõem a natureza. Os outros são a terra (solo), o espaço (céu), o ar e o fogo (Hota, 2014). Os geógrafos humanos, especialmente os deterministas, acreditam que estes elementos da natureza também determinam a natureza social dos seres humanos. A possibilidade tende a acreditar que, com a ajuda da ciência e da tecnologia, o homem pode controlar a natureza e utilizar ou criar estes elementos para a sua sobrevivência e sustento. Na nossa vida quotidiana, dependemos destes cinco elementos da natureza em diferentes graus. Nos primórdios da civilização humana, estes recursos (exceto o fogo) encontravam-se em grande quantidade e havia muito poucos utilizadores. Com o passar do tempo, a população aumentou e a população progressiva optou por legislações reconhecidas, modernização agrícola e urbanização industrial, aumentando assim a competição entre pessoas e nações para possuir e utilizar estes recursos para consumo, conforto e mercantilização (Jairath, 1985).

Nos países da África Subsariana, a sustentabilidade dos sistemas rurais de abastecimento de água (SAA) é um problema grave, principalmente devido à degradação generalizada das infra-estruturas de água e às avarias frequentes do sistema, que inadvertidamente conduzem à escassez de água potável na região (Adeleye, Madayese & Akelola, 2014). No Quénia, na Tanzânia e na Etiópia, a falta de recursos e de capacidade limita a manutenção preventiva e agrava as falhas dos sistemas de abastecimento de água (Carlsson, Van Dyk, Esterhuyse & Meiring, 2010)

Na Nigéria, durante a era pós-independência, os governos forneceram infra-estruturas de água e assumiram a responsabilidade exclusiva pela prestação de serviços de água à população rural (MacDonald, DaviesJ, Calow & Chilton, 2005). No cntanto, dcvido à reduzida vontade política e à falta de um sistema de abastecimento de água sustentável, um número significativo de comunidades rurais foi gravemente afetado (Van Rooijen, Biggs, Smout, Drechsel, 2007). Infelizmente, o governo e as agências doadoras não conseguiram encontrar uma solução duradoura para os desafios da prestação de serviços deficientes e insustentáveis no sector rural da água no país (Allaire, 2009).

Ezenwaji, Eduputa & Okoye (2016) relataram recentemente que milhões de pessoas no país, particularmente nas áreas rurais, ainda dependiam de fontes de água potável não melhoradas, como riachos e rios, para uso doméstico. O desafio da escassez de água potável deixou muitos utilizadores de água nas comunidades rurais sem outra escolha senão depender das águas superficiais para satisfazcr as suas necessidades de água (Eva, 2015). Ao encontrar soluções sustentáveis para este desafio, Obeta (2018) sugeriu que, ao escolher as fontes de água para um ambiente rural, deve ser dada preferência às fontes de água subterrânea (poços e furos), uma vez que as fontes de água superficial na Nigéria estão extremamente poluídas e as tecnologias para as tratar são dispendiosas, o que também não pode ser facilmente sustentável para os habitantes das zonas rurais. Para fazer mais recomendações relativamente ao abastecimento sustentável de água nas comunidades rurais da Nigéria, é essencial avaliar os sistemas de abastecimento de água existentes em algumas dessas comunidades. É por isso que este estudo pretende avaliar o abastecimento e o consumo de água na vida da população rural de Wannune.

1.2 Declaração do problema

Existem vários estudos sobre o abastecimento e consumo de água em zonas urbanas. Por exemplo, Abduro e Sreenivasu (2020) efectuaram um estudo intitulado "Assessments of Urban Water Supply Situation of Adama Town, Ethiopia", Ali e Terfa (2012) efectuaram um estudo intitulado "State of Water Supply and Consumption in Urban Areas at Household Level: A Case Study of East Wollega Zone, Ethiopia" e Oyesanmi (2016) efectuou um estudo intitulado "An Assessment of Domestic Water Consumption Pattern in Lokoja Metropolis, Kogi State". Parece haver uma escassez de estudos sobre o abastecimento e o consumo de água nas zonas rurais, especialmente em Wannune. Por conseguinte, o presente estudo tem por objetivo avaliar o abastecimento e o consumo de água na vida da população rural de Wannune.

1.3 Objectivos do estudo

O estudo visa a realização dos seguintes objectivos:

1. Identificar as principais fontes de abastecimento e consumo de água entre a população de Wannune.

2. Verificar o estado do abastecimento de água na zona.

3. Determinar o padrão de consumo de água da população.

1.4 Questões de investigação

As seguintes questões de investigação são formuladas para orientar este estudo:

1. Quais são as principais fontes de abastecimento e consumo de água da população de Wannune?

2. Qual é o estado do abastecimento de água na zona?

3. Como é o padrão de consumo de água da população?

1.5 Importância do estudo

Este estudo fornecerá dados empíricos sobre o abastecimento e o consumo de água pela população rural em Wannnune, Tarka Local Government of Benue State, Nigéria

Isto será importante para os profissionais do ambiente e para os planeadores de desenvolvimento em termos de compreensão da interação entre o abastecimento e o consumo de água nas áreas de estudo.

Este estudo é também significativo porque representa uma mudança de paradigma na investigação, orientando-se para a compreensão da interação entre o abastecimento e o consumo de água numa população rural.

1.6Âmbito   do estudo

O estudo limitar-se-á aos agregados familiares rurais em Wannune. Centrar-se-á apenas na avaliação do abastecimento e consumo de água na área de estudo em 2021. O estudo irá ainda alargar-se ao estado do abastecimento de água e ao padrão de consumo na área de estudo em 2021.

1.7 Limitações do estudo

Há limitações previstas para o estudo. Nomeadamente, o estudo não representará a totalidade da população rural de Wannune. Por conseguinte, a generalização científica dos resultados será difícil. Para tentar ultrapassar esta limitação, os resultados deste estudo serão generalizados para a população rural de Wannune, uma vez que partilham as mesmas caraterísticas.

1.8 Definição operacional dos termos

Abastecimento de água: Implica a disponibilização de água para consumo das pessoas.

Consumo de água: Trata-se da utilização de água para diferentes fins, como beber, lavar, irrigar e outros.

Rural: Um local mais rural que não tem as comodidades de uma cidade com pouca população e que não dispõe de comodidades básicas.

Água: A água é uma substância constituída pelos elementos químicos hidrogénio e oxigénio, que existe nos estados gasoso, líquido e sólido. É um dos compostos mais abundantes e essenciais. Sendo um líquido insípido e inodoro à temperatura ambiente, tem a importante capacidade de dissolver muitas outras substâncias. De facto, a versatilidade da água como solvente é essencial para os organismos vivos.

CAPÍTULO DOIS

REVISÃO DA LITERATURA

2.1 Introdução

Evidentemente, uma análise aprofundada da literatura relacionada, tanto na perspetiva local como cósmica, tem a possibilidade de desvendar os parâmetros que rodeiam o abastecimento e o consumo de água entre a população rural de Wannune, Governo Local de Tarka, Estado de Benue. Esta secção do trabalho é dedicada à revisão de conceitos e de alguns estudos que são relevantes para o tema do abastecimento e consumo de água entre a população rural.

2.2 Revisão dos conceitos

Para uma melhor clarificação, são revistos os seguintes conceitos

2.1.1 Água

A água é um recurso essencial para a vida, uma vez que 80% do corpo humano é constituído por água. É considerada um elemento crucial da nossa alimentação, dos nossos materiais e do nosso desenvolvimento (Gleick, 2006). A hidrosfera da Terra tem cerca de 1,36 biliões de km3 de água e 75% da superfície terrestre está coberta por água, contendo 97% de água salgada e 3%

de água doce. Apenas 1% da água está disponível para consumo humano, distribuída de forma desigual no espaço e no tempo (Gleick, 2006).

O líquido incolor, inodoro e insípido conhecido como água é indispensável para todo o tipo de crescimento e desenvolvimento da espécie humana, dos animais e das plantas. Uma vez que a água é um recurso fundamental e que nunca poderemos produzir mais água, a sua gestão merece prioridade no desenvolvimento e preservação de qualquer área (Jethoo & Poonial, 2011).

Em 1977, as Nações Unidas determinaram o conceito de uma norma de água utilizada para satisfazer as necessidades básicas de água das pessoas. "Todas as pessoas, qualquer que seja o seu grau de desenvolvimento e as suas condições sociais c cconómicas, têm o dircito dc tcr accsso a água potávcl cm quantidadc e qualidade equivalentes às suas necessidades básicas" (Nações Unidas, 1977).

O cenário dos recursos hídricos na Terra revela que, embora os recursos sejam abundantes em quantidade, a disponibilidade é muito reduzida. O volume total da hidrosfera da Terra está distribuído pelos oceanos (97,2%); pelos glaciares, calotes e mantos de gelo (1,8%), pelas águas subterrâneas (0,9%), pela água doce em lagos, mares interiores e rios (0,02%) e pelo vapor de água atmosférico (0,001%) (Baboo, 2009). A água subterrânea e a água doce são úteis ou potencialmente úteis para os seres humanos como recursos hídricos. Isto implica que a disponibilidade de água para os seres humanos e a flora e fauna é limitada. No entanto, a maior parte está contida no mar e no oceano e é salgada e não pode ser utilizada para fins humanos, a menos que seja tratada corrctamentc. O proccsso dc dcssalinização é muito dispendioso e os países do terceiro mundo têm dificuldade em fazê-lo. A água, disponível para uso humano, é um bem escasso e não podemos sobreviver sem ela. Por conseguinte, os seres humanos devem utilizar sensatamente esta água doce. Para além do consumo humano e de outros organismos vivos para a saúde e o sustento, a água tem várias utilizações na irrigação, na indústria, no controlo da poluição, como solvente químico, extintor de incêndios, recreio, etc. A água é considerada um purificador de pessoas e lugares na maioria das religiões em termos de ritual de lavagem/ablução, imersão, banho ritual dos vivos e dos mortos, etc. Por vezes, fala-se de rios sagrados ou santos, como o Ganges e o Cauvery, na Índia, talvez devido à sua utilização múltipla e à sua descrição nas escrituras religiosas. A água desempenha um papel importante na economia mundial, uma vez que funciona como solvente para uma série de substâncias químicas e facilita o arrefecimento e o transporte industrial. Aproximadamente 70% da água doce é consumida para a agricultura, 20% para a indústria e 10% para uso doméstico (Baboo, 2009).

A água é uma necessidade urgente para a sobrevivência da biosfera. O excesso de água é igualmente prejudicial. A construção de barragens fluviais é um mecanismo importante para o controlo das cheias, que também tem várias outras utilidades. No entanto, a construção de grandes barragens tem também várias desvantagens. O estudo da barragem de Hirakud em Orissa informa-nos que o controlo da natureza tem os seus próprios perigos e que o poder e a política desempenham um papel importante nas iniciativas de desenvolvimento, o que justifica o velho ditado "o alimento de um homem é o veneno de outro". A um nível mais elevado de abstração, a teoria do centro-periferia parece ser mais adequada a esta situação (Baboo, B, 2001). As pessoas pobres e marginalizadas que vivem em povoações rurais e peri-urbanas são as que mais necessitam de água potável melhorada e segura, de formas adequadas de saneamento e de acesso à água para outros fins domésticos (Crown, 2001). Os sistemas de feedback sobre a utilização da água podem estimular o sentimento de responsabilização dos consumidores pelo seu comportamento. A análise do feedback também pode ajudar os governos a encontrar utilizadores altos e baixos e fugas no sistema.

2.1.2 Abastecimento de água

O sistema de abastecimento de água é uma das infra-estruturas que os países em desenvolvimento estão a trabalhar arduamente para expandir. Ainda assim, muitas pessoas, tanto nas zonas rurais como urbanas, sofrem com o fornecimento de água potável e saneamento adequados. A cobertura real do abastecimento de água nas cidades dos países em desenvolvimento em geral e nas cidades africanas em particular é muito baixa quando comparada com a procura (Programa de Desenvolvimento do Setor da Água, 2006).

Em muitos países em desenvolvimento, por um lado, o nível de cobertura do abastecimento de água é muito baixo, uma vez que a procura de água está a aumentar em comparação com os países desenvolvidos. Na maior parte dos países em desenvolvimento, para satisfazer o abastecimento de água com uma procura crescente, os fornecedores de água têm-se apoiado fortemente na gestão do abastecimento, concentrando-se na expansão dos sistemas, o que é problemático e dispendioso à medida que a água se torna escassa (Programa de Desenvolvimento do Setor da Água, 2006).

Com o crescimento da população, o desafio de satisfazer a procura dos utilizadores também aumentou. Na Etiópia, os agentes de desenvolvimento governamentais e não governamentais têm estado envolvidos no sentido de aumentar a cobertura do abastecimento de água potável em diferentes partes do país. No entanto, a cobertura do serviço no país continua a registar atrasos (Solomon, 2011).

Sempre houve uma grande disparidade no acesso ao abastecimento de água e ao saneamento das pessoas com diferentes níveis de despesas de consumo nas zonas urbanas. A grande maioria das pessoas pobres não obtém a menor quantidade de água para o seu uso diário, mas a progressividade no preço da água na maioria dos estados e cidades e, como resultado, uma grande parte desta instalação subsidiada é utilizada pela população com rendimentos mais elevados. O resultado é o desperdício e a utilização não prioritária da água (Kundu, 1991).

As disparidades no acesso à água potável persistiram nas zonas rurais e urbanas. Nas zonas urbanas, na ausência de preços progressivos, uma grande parte da água subsidiada era utilizada pelos grupos com rendimentos mais elevados. O padrão de distribuição era mais imparcial nas zonas rurais do que nas zonas urbanas. A nível da organização, a tarifação pode ser utilizada para reduzir as ineficiências na utilização da água e ajudaria a reafectá-la a outras utilizações prioritárias. Nas zonas rurais, onde a maioria dos agregados familiares tem baixos rendimentos para pagar a água, deve ser dada grande

prioridade em termos de acessibilidade a água potável limpa e segura (Reddy &
M S Rathore, 1993).

De acordo com as diretrizes para a qualidade da água potável, a OMS
define a água para uso doméstico como sendo "a água utilizada para todos os
fins domésticos habituais, incluindo o consumo, o banho e a preparação de
alimentos" (OMS, 1993). Os padrões de utilização de água para fins
residenciais variam consoante as condições climáticas, o estilo de vida, a
cultura, a tecnologia e a economia. Não existem dados fixos para estimar a
quantidade de água necessária para manter um nível de vida mínimo aceitável
(Zhang, 1999). De acordo com a OMS, cerca de 1,8 milhões de pessoas morrem
anualmente em todo o mundo devido ao consumo de água potável poluída e de
doenças diarreicas. A tendência para o declínio da utilização e do fornecimento
de serviços básicos exige uma atenção imediata a nível político. A principal
razão para este declínio é a baixa eficiência na gestão de recursos como a água
potável, onde as perdas na distribuição e transmissão são elevadas. A definição
de políticas deve também centrar-se em aspectos relacionados com a procura,
como o aumento da eficiência da utilização da água, a reciclagem e a promoção
de tecnologias de poupança de água (Reddy, 2001).

O acesso à água é um pré-requisito para a saúde e os meios de
subsistência, que é o objetivo dos ODM, foi formulado em termos de acesso
sustentável ao abastecimento de água potável a preços acessíveis. A
disponibilidade de infra-estruturas de abastecimento de água e de saneamento
melhoradas e de qualidade é amplamente reconhecida como uma componente
essencial dos direitos humanos e do desenvolvimento social e económico (ADF,

2005). A condição de água limpa, saneamento e remoção de águas pluviais para todos os residentes dos grandes centros urbanos dos países em desenvolvimento será um dos maiores desafios do século XXI, cuja magnitude e complexidade nenhuma geração anterior teve de enfrentar (Biswas, 2006).

A maioria dos agregados familiares consome água abaixo do padrão específico e as pessoas mostram satisfação com o abastecimento disponível. Isto deve-se ao facto de terem limitado as suas aspirações e necessidades de água em relação ao abastecimento disponível por parte dos municípios ou das autoridades responsáveis pela água. A disponibilidade e o método de utilização da água variam consoante as classes socioeconómicas das cidades. Apenas cerca de 18% do total de agregados familiares nas cidades metropolitanas têm abastecimento de água municipal 24 horas por dia. Assim, os agregados familiares na maioria das cidades dependem das águas subterrâneas e de outras fontes de água, como vendedores privados que fornecem água através de camiões-cisterna e bidões. Estas fontes, por sua vez, resultam no esgotamento das águas subterrâneas (Sharma, 2007).

É necessária uma compreensão das relações entre a atividade humana e os sistemas naturais para integrar e prever a procura urbana de água (Hill & Polsky, 2007). A utilização de água no agregado familiar está fortemente ligada ao rendimento dos diferentes grupos. A maior parte do consumo de água é observada nos grupos de rendimento elevado e médio na Índia. Apenas as pessoas dos grupos de rendimento elevado e médio são responsáveis por um grande consumo de água (Jethoo & Poonia, 2011). Foram identificados quatro grandes problemas relacionados com a água no mundo. Estes eram o fornecimento de água potável, as necessidades de água para o desenvolvimento agrícola, hidroelétrico e industrial, a sustentabilidade dos projectos de desenvolvimento hídrico e o desenvolvimento dos recursos hídricos (Biswas, 2012).

Muitos municípios do Canadá estão a sofrer as consequências de uma utilização ineficiente e desperdiçadora da água. Estudos centrados no consumo de água mostraram que a média canadiana de utilização de água per capita é uma das mais elevadas do mundo EC (como citado em Hota 2014). A medição da água tem sido aceite como um passo para uma utilização mais consciente dos recursos Infraguide (como citado em Hota, 2014). Os esforços que incentivam a redução do consumo municipal de água trazem muitos benefícios para uma comunidade, uma vez que as elevadas captações de água doce podem conduzir à degradação ambiental e a dificuldades sociais a curto e a longo prazo. As consequências incluem a diminuição da segurança do acesso a fontes seguras de água potável para as gerações futuras BCWWA (como citado em Hota, 2014).

Um terço dos habitantes das zonas rurais e das pequenas cidades depende de poços privados para obter água potável. Os residentes rurais ligados a um sistema municipal de abastecimento de água têm uma utilização de água per capita mais elevada do que os residentes urbanos. A utilização de água parece ter uma associação mais forte com os incentivos económicos do que com as caraterísticas de localização. Os agregados familiares em zonas com uma maior proporção de contadores de água utilizam menos água do que os agregados familiares em zonas com uma menor proporção de contadores de água. As famílias rurais têm menos probabilidades de tratar a água do que as famílias urbanas. As caraterísticas da localização são factores significativos na determinação da perceção da qualidade da água, medida pela opção de tratar a água da torneira para consumo doméstico. A origem da água não parece afetar a perceção da qualidade da água (Hardie e Alasia (como citado em Hota, 2014).

No âmbito da nova política económica, surgiram novas prioridades na agricultura, na indústria e na urbanização, que irão provocar alterações tanto na acessibilidade como na utilização da água. A água sempre foi um recurso de propriedade comum que, se agora for privatizada ou mesmo considerada um bem económico, dará origem a novos tipos de tensões. É um facto que, devido às taxas extremamente baixas, as pessoas consideram a água como um recurso gratuito. Os governos estaduais aumentaram a taxa de água tanto nas áreas urbanas como nas áreas irrigadas por canal. Estas taxas foram aumentadas drasticamente após um certo nível mínimo de abastecimento nas zonas urbanas, de modo a desencorajar o consumo excessivo e o desperdício. Incentivar o cultivo de culturas sustentáveis em diferentes zonas agro-climáticas. As disparidades entre as regiões ricas em água e as regiões pobres em água tenderiam a acentuar-se. Zonas rurais e urbanas: zonas de culturas de rendimento e zonas de culturas alimentares; grandes cidades e pequenas cidades e, claro, entre ricos e pobres Sheela e Ramachandraiah (como citado em Hota, 2014).

A distribuição desigual da água pode ser atribuída à precipitação, às paisagens geográficas, à acessibilidade, à distribuição da população e a factores socioeconómicos (Koby, 2002). Distribuição espacial desigual da água com uma variação geográfica muito grande, uma vez que algumas regiões têm registado inundações catastróficas, enquanto muitas áreas vastas sofrem longos períodos de seca; escassez de água e aridez extrema. Esta situação é cada vez mais intensificada pela deterioração generalizada da qualidade e pela degradação dos solos resultante da má gestão destes recursos, bem como pelos efeitos negativos altamente publicitados das alterações climáticas (Patel, 1980).

2.1.2 Consumo de água

A água é essencial à vida e serve de base ao desenvolvimento social e económico de qualquer país do mundo (Omvir & Sushila, 2013). As Nações Unidas projectaram que a população mundial aumentaria em mais dois mil milhões (2 x 109) de pessoas até ao ano 2030 (Postel, 2000). A Organização Mundial de Saúde (OMS) definiu a água doméstica como a água utilizada para todos os fins domésticos, incluindo beber, tomar banho e preparar alimentos. O consumo doméstico de água é uma componente significativa da utilização total de água e varia consoante o nível de vida dos consumidores nas zonas urbanas e rurais (Mohammed & Sanaullah, 2017). Com a rápida taxa de urbanização resultante do afluxo de pessoas aos centros urbanos, é provável que haja uma maior procura de água para fins domésticos. O crescimento da população, a expansão da atividade empresarial, o desenvolvimento urbano, a poluição da água, as alterações climáticas e a seca contribuíram para aumentar a escassez de água em muitas partes do mundo (Shan, Perren & Zhang, 2015). A escassez de água afecta mais de 1,1 mil milhões de pessoas em todo o mundo. Estima-se que um quinto da população mundial viva em zonas de escassez física de água, onde não há água suficiente para satisfazer todas as necessidades (Shan, et. al., 2015). Um terço da população mundial não tem acesso a água potável.

Atualmente, em África, a escassez de água é uma ameaça e estima-se que, em 2030, 75 a 250 milhões de pessoas viverão em zonas com escassez de água. Na Nigéria, cerca de 57 milhões de pessoas não têm acesso a água potável. A escassez de água na Nigéria está a assumir uma nova dimensão, uma vez que os residentes de muitas zonas urbanas e semi-urbanas não têm acesso a uma fonte de água doméstica facilmente disponível (Ojo, 2014). A Nigéria está a registar um aumento da taxa de alterações na sua população, juntamente com a urbanização e os padrões de vida. Isto resulta na necessidade de água para uso doméstico e outros usos, colocando assim uma procura crescente nos recursos hídricos do país (Ajadi, 2010).

Foram efectuados vários estudos em diferentes partes da Nigéria e em todo o mundo sobre o padrão de utilização doméstica da água. Estes estudos mostraram que o consumo doméstico de água nos agregados familiares varia consideravelmente de acordo com o nível de vida dos habitantes das zonas rurais e urbanas. O consumo de água per capita é o volume total de água utilizado por todos os agregados familiares dividido pela população total. Por outras palavras, o consumo de água per capita é a quantidade de água utilizada por pessoa e por dia. Verificou-se que o consumo de água per capita é de 83,17 litros por pessoa por dia no Bangladesh, com uma correlação positiva com factores socioeconómicos como a dimensão do agregado familiar, o rendimento e outros (Al Amin, Mahmud, Hosen & Islam, 2011). Fan, Liu, Wang, Geissen, Ritsema e Tong (2013) estudaram os padrões de utilização da água em agregados familiares da bacia do rio Wei, na China, onde o consumo de água per capita é, em média, de 70 litros.

Oyegun (1985) afirmou que o padrão de utilização da água em Ilorin, nessa altura, resultava principalmente das caraterísticas socioeconómicas, em que os residentes da GRA consumiam cerca de 82 litros per capita por dia (lcpd), enquanto as pessoas com baixos rendimentos nas zonas indígenas utilizavam cerca de 37 litros per capita por dia (lcpd). Ojo (2014) relatou num estudo sobre a utilização doméstica de água na zona de Osiele, no estado de Ogun, que cerca de 83,6% das pessoas utilizavam menos de 40 litros per capita por dia. Elizondo (2010) e Ifabiyi (2011) atribuíram o padrão de utilização doméstica de água aos atributos comportamentais e culturais dos consumidores, enquanto Ajadi (2010), Fan et. al (2013), consideraram factores socioeconómicos como a dimensão do agregado familiar, o nível de vida e o rendimento, e factores climáticos como a precipitação e a temperatura.

Há uma grande variação nas recomendações/prescrições para a utilização doméstica da água. Por exemplo, a Organização Mundial de Saúde classificou o consumo de água per capita com base no acesso e no abastecimento. Incluem menos de 5 lpcd onde não há acesso, 20 lpcd para acesso básico, uma média de 50 lcpd para acesso intermédio e 100 - 200 lpcd (OMS 2003). Gleick (1996) recomendou 50 lpcd como padrão básico de necessidade de água para uso humano. Shaban e Sharma (2007) recomendaram 100 lpcd como quantidade básica de água necessária para uso doméstico. Na Nigéria, a necessidade mínima de água é de 80 litros per capita por dia (Olasumbo, 2001). Num centro urbano em rápido crescimento como Lokoja, é importante estudar a taxa e o padrão do uso doméstico da água.

A procura de água é o resultado da urbanização não planeada, da industrialização e do rápido crescimento da população. A procura de água também pode existir se a água subterrânea for explorada sem reabastecimento; quando a taxa de exploração excede a sua capacidade de recuperação. Onde existe uma elevada concentração populacional e um rápido crescimento, a procura de água tende a aumentar drasticamente. A tendência demográfica mais importante que afecta os recursos hídricos é o crescimento da população. A existência de mais pessoas e o aumento do consumo de alimentos, bens de consumo e água para uso doméstico criaram uma procura de água doce limpa que, em muitas zonas, excede a capacidade natural de distribuição através do ciclo hidrológico. O crescimento da população e a urbanização, juntamente com as alterações na produção e no consumo, colocaram exigências sem precedentes nos recursos hídricos (Postel, 1996).

A oferta e a procura de água potável podem variar de local para local, consoante a disponibilidade e a acessibilidade das fontes de abastecimento de água, que incluem rios, lagos, nascentes e pequenos cursos de água. Atualmente, as pessoas em todo o mundo estão a retirar 30% do escoamento acessível, mas cerca de 20% do escoamento total é remoto e não está prontamente disponível para satisfazer o consumo de água (Bergman, 1995). Algumas regiões têm uma quantidade excessiva de água, muito possivelmente nas zonas chuvosas, enquanto que nas regiões secas a água é deficitária. A grave escassez e a procura de água conduzem a uma competição pelos recursos e agravam as tensões políticas regionais ou nacionais e os problemas socioeconómicos e administrativos UNHDR (Relatório sobre o Desenvolvimento Humano)

A escassez de abastecimento de água ameaça a produção de alimentos, o desenvolvimento económico, o saneamento e a proteção do ambiente. O problema da escassez de água pode ser causado pelo esgotamento dos lençóis freáticos através da extração de águas subterrâneas para aumentar o abastecimento sem reposição. Pode ser causado pelo rápido processo de urbanização e industrialização, pela expansão da agricultura mecanizada e pelo aumento da dimensão da população, uma vez que, ao crescerem mais rapidamente, exigem novas fontes de abastecimento de água. Principalmente nos países em desenvolvimento, para além da falta de precipitação durante um longo período de tempo, o capital inadequado e as tecnologias atrasadas utilizadas para o efeito no sector são as principais causas (Acharya & Barbier, 2002).

Os países com diferentes estádios de desenvolvimento tendem a ter uma situação de oferta e procura de água. Os países desenvolvidos têm mais probabilidades de utilizar grandes quantidades de água do que os países menos desenvolvidos como a Etiópia (Sullen, 2006). Apesar de ter cerca de 123 e 2,6-6 biliões de cubos métricos de recursos hídricos superficiais e subterrâneos, a Etiópia tem o abastecimento de água municipal mais baixo, mesmo segundo os padrões africanos (2010).

2.3 Revisão da literatura relacionada

A água potável é a água doméstica utilizada tanto para beber como para fins de higiene (OMS; UNICEF, 2010). Pode ser fornecida a partir de diferentes fontes. O abastecimento centralizado de água é distribuído através de torneiras e fontanários, com água fornecida a partir de águas superficiais ou subterrâneas e esta água é geralmente tratada. Os fontanários são instalados ao longo das condutas em intervalos específicos. No entanto, a água da torneira dentro de uma casa só está disponível a expensas do proprietário da casa. O governo fornece o abastecimento de água centralizado, pelo que a autoridade administrativa local deve controlar regularmente a presença de contaminantes.

O abastecimento descentralizado de água a partir de furos e poços não tem qualquer serviço de distribuição às habitações e pode ser utilizado pública ou individualmente. A autorização para a abertura de novos furos e poços é concedida pela autoridade administrativa local com base num estudo prévio do terreno. A autorização para a abertura de novos furos e poços é concedida pela autoridade administrativa local com base num estudo prévio do terreno. No entanto, a população utiliza por vezes furos e poços não registados, o que significa que não há controlo por parte da autoridade administrativa local. Outras fontes de água potável, como a água de cisternas e a água de fontes abertas, não são consideradas seguras. No entanto, devido à ausência de alternativas de abastecimento de água, a água de cisternas é incluída nas estatísticas oficiais e é considerada como uma medida improvisada para o abastecimento de água potável à população. A água é entregue nas aldeias num camião-cisterna, geralmente uma vez por semana, e as pessoas pagam por cada litro no local. Uma empresa selecionada pela autoridade administrativa local é responsável por uma entrega atempada e pela qualidade da água.

Uma fonte aberta pode ser uma nascente, um rio ou um lago. Estão completamente ausentes das estatísticas oficiais e são utilizadas por indivíduos (Tussupova, 2016). A população rural tem de utilizar várias fontes devido à falta de um sistema de abastecimento de água estável nas aldeias. Os agregados familiares classificam-nos normalmente com base no objetivo da utilização da água (Makino, Noda, Keokhamphui, Hamada, Oki & Oki, 2016). Por exemplo, água da torneira para beber, poços para higiene, água da chuva e água descongelada para irrigação de jardins e outros.

A água é um recurso natural precioso e uma das necessidades mais essenciais de todos os seres vivos. As regiões com a taxa de crescimento mais elevada não têm acesso à água, tanto em termos de qualidade como de quantidade. As cidades indianas beneficiam de um abastecimento de água intermitente. Desde o início da história da humanidade, a água tem sido um requisito essencial para a sobrevivência dos seres humanos e dos ecossistemas (Biswas, 2006). O líquido incolor, inodoro e insípido conhecido como água é indispensável para todos os tipos de desenvolvimento da espécie humana, dos animais e das plantas. Uma vez que a água é um recurso fundamental e que nunca poderemos produzir mais água, a sua gestão merece prioridade no desenvolvimento e na preservação de qualquer área (Jethoo & Poonia, 2011).

O padrão de utilização e consumo de água é diferente nas zonas urbanas e rurais. A utilização da água nas zonas urbanas é superior à das zonas rurais. Nas zonas rurais, as pessoas dependem de piscinas, poços tubulares, furos e outras fontes. No entanto, as pessoas que vivem em zonas urbanas dependem totalmente da água fornecida pelo município. É certo que as sociedades terão de enfrentar, entre outros factores, as transições demográficas, a deslocação geográfica da população, o avanço tecnológico, a globalização crescente, a degradação do ambiente e a emergência de escassez de água. A água, que é a necessidade da vida, é suscetível de representar o maior desafio, devido ao aumento da procura com o aumento da população e o desenvolvimento económico, e à diminuição do abastecimento devido à exploração excessiva e à poluição.

Ao longo dos anos, o desafio da acessibilidade e da disponibilidade de água potável ainda não foi reduzido nos cantos e recantos de muitas nações, apesar de todas as medidas e esquemas. No entanto, os estudos demonstraram que se registaram melhorias drásticas ao longo do tempo. Relatórios da OMS e da UNICEF provam que a Nigéria e muitos países da África Subsariana estão significativamente atrasados quando comparados com os países em desenvolvimento no que diz respeito à acessibilidade geral à água potável e aos serviços de saneamento básico (Ohwo & Abotutu, 2014). Para muitas comunidades rurais nos países em desenvolvimento, o acesso pouco fiável à água potável continua a ser uma preocupação grande e crescente (Eva, 2015).

2. 3 Revisão de trabalhos empíricos

Este aspeto do trabalho é dedicado a revelar outros estudos relacionados com o trabalho atual.

Omarova, Tussupova, Hjorth, Kalishev e Dosmagambetova (2019) realizaram um estudo intitulado "Water Supply Challenges in Rural Areas: A

Case Study from Central Kazakhstan". O abastecimento de água nas zonas rurais tem sido tradicionalmente ofuscado pelo abastecimento urbano. Isso deve agora mudar, uma vez que os Objectivos de Desenvolvimento Sustentável apelam à água para todos. O objetivo do documento era avaliar o acesso atual e a perceção da qualidade da água em aldeias com vários tipos de abastecimento de água. O inquérito foi realizado entre julho e dezembro de 2017 em quatro aldeias no centro do Cazaquistão. No total, foram entrevistados 1369 agregados familiares selecionados aleatoriamente. Os resultados revelaram que, embora os aldeões recebessem água da torneira, um número significativo recorria a fontes alternativas. Havia três razões para esta situação: dúvidas dos residentes quanto à qualidade da água da torneira; utilização de outras fontes por hábito; e disponibilidade de fontes mais baratas ou gratuitas. Outro problema prende se com o volume de consumo de água, que diminui acentuadamente com a diminuição da qualidade ou com a inconveniência das fontes utilizadas pelos agregados familiares. Além disso, as pessoas deram uma má avaliação da qualidade e da fiabilidade da água proveniente de poços, de fontes abertas e de água de cisternas. O documento sugere que a descentralização da gestão da água, bem como o controlo do abastecimento e da utilização da água, são medidas essenciais. Deve haver uma abordagem adaptada a cada aldeia para alcançar o Objetivo de Desenvolvimento Sustentável de fornecer água potável às zonas rurais do Cazaquistão. Este estudo está relacionado com o estudo atual no sentido de procurar investigar os desafios enfrentados pelo abastecimento de água nas zonas rurais.

Olawade, Wada, Afolalu, Oladipo e Asogbon (2020) realizaram um estudo intitulado "Assessment of Rural Water Supply in Selected Communities in Osun State, Nigeria". O fornecimento de sistemas de abastecimento de água sustentáveis em comunidades rurais de países em desenvolvimento como a Nigéria tem sido um desafio desde há vários anos, promovendo assim a dependência dos habitantes rurais de fontes de água superficiais poluídas. Este facto também promoveu disparidades de água entre as zonas rurais e urbanas, bem como entre os países em desenvolvimento e os países desenvolvidos. Numa tentativa de oferecer soluções para este desafio de saúde pública, é necessário avaliar regularmente os sistemas disponíveis nas nossas comunidades rurais. Este estudo transversal avaliou as instalações de água disponíveis em quatro aldeias selecionadas aleatoriamente na Área do Governo Local de Ayeedade, Estado de Osun. Foram recolhidas amostras de água da principal fonte de água em cada comunidade e avaliadas quanto às propriedades físico-químicas utilizando métodos normalizados. O inspetor sanitário do governo local também foi entrevistado para obter informações sobre as modalidades do sistema de abastecimento de água existente na área. Todas as aldeias inquiridas tinham pelo menos dois furos com bomba manual. Todos os furos estavam em condições de funcionamento. As instalações de água em todas as comunidades foram construídas em 2011 através da colaboração entre o Governo da Nigéria e a UNICEF no âmbito do Programa de Reforma do Setor de Abastecimento de Água e Saneamento (WSSRP)-II. As instalações foram mantidas regularmente por técnicos do Governo Local. Todos os parâmetros físico-químicos, como o nitrato, o crómio nitrito, o ferro e o manganês, estavam dentro das diretrizes de qualidade da água potável da OMS. No entanto, o PH nas comunidades era ligeiramente ácido, com uma média de 6,06±0,08, enquanto os níveis de chumbo excediam os limites permitidos em duas das comunidades inquiridas. A presença de sistemas de água funcionais em todas as aldeias foi meritória. Talvez, mais louvável devido ao compromisso do Governo Local em manter rotineiramente as instalações, o que garantiu a sustentabilidade dos projectos. É necessário monitorizar os níveis de PH e as concentrações de metais pesados das fontes de água. Este estudo está relacionado com o presente estudo, uma vez que avaliou o abastecimento de água rural.

Oyesanmi (2017) efectuou um estudo intitulado "An Assessment of Domestic Water Consumption Pattern in Lokoja Metropolis, Kogi State." O objetivo do trabalho era examinar o padrão de consumo doméstico de água em diferentes áreas da cidade, bem como as fontes de abastecimento de água na área. Foram investigadas as fontes de abastecimento de água e o padrão de consumo doméstico de água na metrópole de Lokoja. Os dados primários sobre o abastecimento e o consumo de água foram obtidos através de entrevistas e de questionários. Foram administradas cópias dos questionários a 236 agregados familiares, utilizando o método de amostragem aleatória sistemática. Os métodos de análise de dados envolveram estatísticas descritivas e inferenciais. O estudo revelou que os residentes das zonas de GRA, Lokongoma Phase 1 e Kabawa dependiam maioritariamente da água canalizada fornecida pela Direção-Geral da Água (81,8%, 88,3% e 65,6%, respetivamente). O consumo de água per capita foi mais elevado em GRA 181,1 litros por dia e mais baixo em Zango Daji com 75 litros. A maior percentagem do consumo total de água (53%) foi utilizada para lavar roupa. A ANOVA mostrou que existia variação no padrão de consumo de água na área de estudo, o que poderia ser atribuído às diferenças no estatuto económico dos residentes, bem como ao acesso e disponibilidade de água para os residentes. Recomendou-se, por conseguinte, que a Direção-Geral de Águas do Estado utilizasse um padrão de 80 litros por pessoa e por dia para fornecer água aos residentes. O estudo tem uma relação com o estudo atual no que respeita à avaliação do consumo de água.

Terfa e Ali (2012) efectuaram um estudo intitulado "State of Water Supply and Consumption in Urban Areas at Household Level: A Case Study of East Wollega Zone, Ethiopia". Tendo em conta a importância do abastecimento e do consumo de água para fins domésticos, o estudo foi realizado na cidade de Nekemate, na zona de Wollega Oriental da Etiópia, com os objectivos de identificar as principais fontes de abastecimento e consumo de água a nível doméstico, analisar a variação espacial e temporal dos níveis de abastecimento e consumo de água entre os agregados familiares e descrever os factores determinantes que afectam o consumo de água a nível doméstico. A água era fornecida pelo município em 61% e por fontes protegidas em 38%, utilizando os recursos naturais: nascentes e pequenos riachos. Os habitantes da cidade utilizaram diariamente 15,26 litros de água per capita para diferentes actividades domésticas. Este valor é três vezes inferior ao padrão IWRA, que varia espacial e temporalmente ao nível do agregado familiar. Em cerca de 50% dos agregados familiares, a água era captada por mulheres e crianças até uma distância superior a 1 km. O nível de rendimento, o emprego e a educação foram proporcionais ao consumo de água. Além disso, as mulheres utilizam mais água e, devido ao atraso económico, a topografia determina o abastecimento de água para consumo na área de estudo. Este estudo está em consonância com o presente estudo no que respeita à avaliação do abastecimento de água e do padrão de consumo de água.

Hota (2014) "Utilisation and Consumption Pattern of Water in Urban Areas: A Study in Sambalpur City of Odisha. "O estudo foi concebido para compreender a utilização adequada e o padrão de consumo de água nas zonas urbanas. Nos últimos anos, o nível das águas subterrâneas na Índia está a descer. A população tem aumentado exponencialmente, levando a uma utilização incorrecta da água. Infelizmente, com a diminuição dos recursos hídricos, o comportamento humano em relação à conservação da água não está a mudar. Durante o presente estudo, foram feitos esforços para avaliar o comportamento dos consumidores de diferentes grupos de rendimentos em relação à diminuição do abastecimento de água. Observou-se que, devido ao desconhecimento, as pessoas estão a utilizar mais água do que a necessária. Os resultados mostram que as pessoas com rendimentos mais elevados nas zonas urbanas estão a utilizar mais água do que as pessoas com rendimentos mais baixos. A água depende totalmente do tamanho da família. Esta questão tem de ser resolvida imediatamente, alterando a perceção do público em relação à utilização da água através dos meios de comunicação social e da organização de programas de sensibilização do público. Espera-se que os resultados do estudo beneficiem as autoridades responsáveis pelo desenvolvimento urbano na otimização dos recursos hídricos existentes através de um sistema de distribuição adequado para a sociedade. O estudo tem uma relação com o estudo atual no que diz respeito à avaliação do consumo de água.

Abduro e Sreenivasu (2020) realizaram um estudo intitulado "Assessments of Urban Water Supply Situation of Adama Town, Ethiopia". O objetivo desta investigação é avaliar a situação do abastecimento urbano de água e construir um modelo de rede hidráulica com todos os cenários possíveis para satisfazer a procura e o abastecimento de água. Neste estudo, foram utilizados dados sobre a produção e o consumo de água, as zonas de pressão ou a topografia e as leituras dos contadores dos clientes (água facturada) para avaliar o consumo e a produção diários. Também a prevalência de ligação de água por família, o consumo per capital e o nível de modalidade de serviços foram utilizados na avaliação da cobertura do abastecimento de água. Na cidade, a distribuição do modo de serviços; ligação doméstica, ligação ao quintal e torneira pública foi de 5%, 60% e 35%, respetivamente. Também o consumo médio per capita é de 34,5 l/c/d, enquanto a média de ligações de água por família foi de 0,527 (52,7%) ligações por família. Na modelação, o sistema foi modificado utilizando os critérios de conceção de velocidade e pressão. As áreas com pressões elevadas no sistema existente foram identificadas e foi fornecido um modelo de rede hidráulica eficiente. Neste processo de modelação e análise, foram utilizadas ferramentas como o Microsoft Excel e o Water CAD v6.5. Este estudo está relacionado com o presente estudo, uma vez que avaliou o abastecimento de água rural.

2.4 Resumo do capítulo

A água é um recurso essencial para a vida, uma vez que 80% do corpo humano é constituído por água. É considerada um elemento crucial da nossa alimentação, dos nossos materiais e do nosso desenvolvimento. A hidrosfera terrestre tem cerca de 1,36 biliões de km3 de água e 75% da superfície terrestre está coberta de água, sendo 97% salgada e 3% doce. Apenas 1% da água está disponível para consumo humano, distribuída de forma desigual no espaço e no tempo.

O sistema de abastecimento de água é uma das infra-estruturas que os países em desenvolvimento estão a trabalhar arduamente para expandir. No entanto, muitas pessoas, tanto nas zonas rurais como urbanas, sofrem com a falta de abastecimento de água potável e de saneamento básico. A escassez de abastecimento de água ameaça a produção de alimentos, o desenvolvimento económico, o saneamento e a proteção do ambiente. O problema da escassez de água pode ser causado pelo esgotamento das águas subterrâneas através da extração de águas subterrâneas para aumentar o abastecimento sem reposição.

Foram efectuados vários estudos em diferentes partes da Nigéria e em todo o mundo sobre o padrão de utilização doméstica da água. Estes estudos mostraram que o consumo doméstico de água nos agregados familiares varia consideravelmente de acordo com o nível de vida dos habitantes das zonas rurais e urbanas. O consumo de água per capita é o volume total de água utilizado por todos os agregados familiares dividido pela população total. Por outras palavras, o consumo de água per capita é a quantidade de água utilizada por pessoa e por dia.

CAPÍTULO TRÊS

METODOLOGIA

3.   1Introdução

Esta secção discute a abordagem metodológica deste estudo e explica como a investigação será conduzida. Apresenta em pormenor a conceção da investigação, a população, a técnica de amostragem, o instrumento de recolha de dados, o método de apresentação dos dados, a análise e a interpretação.

3.   2Concepção da investigação

A investigação propõe-se adotar um método de investigação de inquérito quantitativo. O método de investigação quantitativa propõe a recolha de dados através de um questionário. O método de investigação quantitativo é utilizado para permitir ao investigador determinar os factores que afectam o abastecimento e o consumo de água entre a população rural de Wannune.

A população do estudo é composta por todas as pessoas que residem em Wannune e por indivíduos e agências que fornecem água na área.

O questionário é utilizado como método de recolha de dados para o estudo. O questionário é um instrumento de recolha de dados no âmbito de um inquérito quantitativo. Foram envolvidos assistentes de investigação para ajudar a distribuir as cópias do questionário.

3.3Populações   do estudo

A população, de acordo com Wimmer e Domminic (2011), é um grupo ou classe de sujeitos, variáveis, conceitos ou fenómenos. Asika (2005) observa que uma população inclui todos os elementos, sujeitos ou observações concebíveis que se relacionam com um determinado fenómeno de interesse para uma investigação. Neste estudo, a população é constituída por alguns residentes em Wannune, na área da administração local de Tarka, e por indivíduos e todas as fontes de abastecimento de água, tais como furos, poços, ribeiros, rios e água da torneira. Todas as fontes de consumo de água e o estado do abastecimento de água (suficiente ou escasso para consumo).

3.4 Técnica de amostragem e dimensão da amostra

Os dados utilizados para esta investigação incluem as fontes de abastecimento de água e o padrão de consumo. Os dados serão recolhidos diretamente no terreno com a utilização de questionários, entrevistas pessoais e métodos de observação. Wannune está dividida em quatro zonas residenciais com base nas divisões residenciais de Oyegun (1985) das cidades em desenvolvimento na Nigéria. Estas divisões são a Área Reservada do Governo (GRA), as zonas antigas ou tradicionais, as zonas privadas modernas e a periferia não controlada e não planeada. Assim, para Wannune, o Secretariado do Governo Local e os seus arredores são tratados como a Área Reservada do Governo (GRA), a área do mercado e os seus arredores, bem como Zongu, serão tratados como as áreas antigas ou tradicionais, a nova povoação (*Iyav Mbihev*) será considerada como a área privada moderna e as áreas à volta do Hospital Geral, Wannune, IONORTO Model College, entre outras, são classificadas como franjas não controladas e não planeadas. Utilizou-se uma amostragem aleatória sistemática para recolher amostras de agregados familiares nas quatro zonas residenciais. Será visado um total de duzentos e sessenta inquiridos.

3.5 Descrição do instrumento

A investigação propõe um instrumento para a recolha de dados. Isto significa que serão recolhidos dados quantitativos. O questionário, que contém perguntas pré-determinadas, atrairá respostas específicas dos inquiridos. Kombol (2005) diz que um questionário é classificado em dois: fechado (questionário estruturado) e aberto (questionário não estruturado).

Regra geral, as perguntas fechadas são extremamente úteis para obter informações factuais e as perguntas abertas para obter opiniões, atitudes e percepções. A escolha entre perguntas abertas ou fechadas deve ser feita de acordo com o objetivo para o qual uma informação vai ser utilizada, o tipo de população de estudo a partir da qual uma informação vai ser utilizada, o tipo de população de estudo a partir da qual a informação vai ser obtida, o formato proposto para comunicar os resultados e o contexto socioeconómico dos inquiridos (Kumar, 2011). Por conseguinte, para este estudo, foi elaborado um questionário de perguntas fechadas. Será administrado um total de 260 cópias do questionário aos inquiridos.

3.6 Fiabilidade e validade

A fiabilidade é importante na investigação, uma vez que é uma medida para aumentar a fiabilidade e a consistência. Kumar (2011, p. 43) explica que o conceito de fiabilidade em relação ao instrumento de investigação tem um significado semelhante: diz-se que é fiável. Assim, quanto maior for o grau de consistência e estabilidade de um instrumento, maior será a sua fiabilidade. Por conseguinte, uma escala de teste é fiável na medida em que as medições repetidas em condições constantes darão o mesmo resultado. A validade, por outro lado, é o grau em que o valor medido reflecte as caraterísticas que se pretende medir (Lewis, 1999).

O parâmetro de referência utilizado para medir a fiabilidade e a validade do trabalho é o Kappa. Landi e Koch (como citado em Weiner 2007, pp.13-14) sugerem a seguinte fórmula para o cálculo:

Quadro 1: Medida da concordância dos observadores para dados categóricos

Nível de concordância	Valor Kappa
Quase perfeito	0.81-1.00
Substancial	0.61-0.80
Moderado	0.41-0.60
Justo	0.21-0.40
Ligeiro	0.00-0.20
Pobres	<0.00

Acordo Kappa	
< 0	Concordância inferior ao acaso
0.01-0.20	Ligeiro acordo
0.21- 0.40	Acordo justo
0.41-0.60	Acordo moderado
0.61-0.80	Acordo substancial
0.81-0.99	Acordo quase perfeito

Fonte: (Landis & Koch in Weiner, 2007, p.14)

3.7 Análise dos dados do método

Os dados podem ser entendidos como um pouco de informação que vai desde uma frase de factos a uma descrição de um parágrafo sobre o cenário, até uma extensa passagem de textos que revelam uma consciência perspicaz sobre a condição humana (Saldana, 2011). A análise de dados na investigação é o processo de procurar e organizar sistematicamente entrevistas, transcrições, notas de observações, multimédia ou outros materiais não textuais que o investigador acumula para aumentar a compreensão do fenómeno. O processo de análise de dados de qualidade envolve predominantemente a codificação ou categorização dos dados, organizando, analisando e dando sentido a toda esta informação, o que coloca desafios especiais ao investigador que utiliza métodos qualitativos (Wimmer & Dominic, 2011). Basicamente, trata-se de dar sentido a uma enorme quantidade de dados, reduzindo o volume de informação, seguindo-se a identificação de padrões significativos e, finalmente, a extração de significado dos dados e, subsequentemente, a construção de um sentido lógico das provas.

A análise temática é utilizada como técnica de análise de dados. Uma análise temática é aquela que analisa todos os dados para identificar a questão comum que se repete e identificar o tema principal que resume todos os pontos de vista que o investigador recolheu. Este é o método mais comum para projectos qualitativos descritivos.

Os dados recolhidos através do questionário são analisados através de tabelas, valores médios e frequências. As informações relativas à questão de investigação foram coligidas e apresentadas no capítulo quatro (4) para análise e interpretação.

CAPÍTULO QUATRO

APRESENTAÇÃO, ANÁLISE, RESULTADOS E DISCUSSÃO DOS DADOS

4.1Introdução

Este capítulo gira em torno da recolha dos dados obtidos através das cópias do questionário distribuído aos inquiridos. Ao apresentar os dados, o investigador começou por apresentar os atributos demográficos dos inquiridos, que incluem a idade, o sexo, o estado civil, as habilitações literárias e a distribuição profissional. De seguida, procede-se à apresentação dos dados que constituem o fio condutor do trabalho.

É dada atenção à discussão crítica dos resultados. Dos 260 exemplares do questionário distribuídos, foi registada uma mortalidade de quatro. A análise dos dados baseia-se então nas respostas obtidas de 256 inquiridos.

4.2 Quadros de apresentação e análise dos dados

Tabela 1: Distribuição etária dos inquiridos

Response Option	Frequency	Percentage
18-30	106	41.4
31-45	96	37.5
46-60	31	12.1
61-Above	23	8.9
Total	**256**	**100**

Fonte: *Inquérito de campo, 2020*

Os resultados disponíveis sobre as caraterísticas demográficas dos inquiridos na componente da idade demonstraram que aqueles que participaram na investigação se enquadram no seguinte escalão etário. Entre os 18 e os 30 anos, há 106 inquiridos, o que representa 41,4%; entre os 31 e os 45 anos, há 96 inquiridos, o que representa 37,5%; entre os 46 e os 60 anos, há 31 inquiridos, o que representa 12,2%; e entre os 61 anos e mais, há 23 inquiridos, o que representa 8,9%. É evidente que as pessoas com idades compreendidas entre os 18 e os 30 anos foram as que mais participaram no estudo.

Quadro 2: Género dos inquiridos

Response Option	Frequency	Percentage
Male	149	58.2
Female	107	41.8
Total	**256**	**100**

Fonte: *Inquérito de campo, 2020*

Quanto ao género dos inquiridos na tabela 2, 149 inquiridos, representando 58,2%, são do sexo masculino, enquanto 107 inquiridos, representando 41,8%, são do sexo feminino. Pode observar-se que os inquiridos do sexo masculino estavam mais disponíveis para a investigação.

Quadro 3: Estado civil dos inquiridos

Response Option	Frequency	Percentage
Married	152	59.4
Single	59	23.1
Divorced	13	5.1
Widowed	19	7.4
Others	13	5.0
Total	**256**	**100**

Fonte: *Inquérito de campo, 2020*

Mais ainda, no que diz respeito ao estado civil, 152 inquiridos, representando 59,4%, são casados, 59 inquiridos, representando 23,1%, são solteiros, 13 inquiridos, representando 5,1%, são divorciados, 19 inquiridos, representando 7,4%, são viúvos e 13 inquiridos, representando 5,0%, têm outro estado civil não revelado. Os inquiridos casados foram os que mais participaram na investigação.

Quadro 4: Qualificação educacional dos inquiridos

Response Option	Frequency	Percentage
FSLC	74	28.9
O level	93	36.3
Diploma/ NCE	65	25.3
Degree	17	6.7
Others	7	2.8
Total	**256**	**100**

Fonte: *Inquérito de campo, 2020*

Considerando a qualificação dos inquiridos na tabela quatro, 74 inquiridos, representando 28,9%, disseram ter FSLC, 93 inquiridos, representando 36,3%, têm SSCE, enquanto 65 inquiridos, representando 25,3 inquiridos, têm Diploma ou NCE, 17 inquiridos, representando 6,7%, têm o primeiro grau e 7 inquiridos, representando 2,8%, têm outras qualificações. É evidente que a maioria dos inquiridos que participaram no estudo tem apenas qualificações do ensino secundário.

Quadro 5: Profissão dos inquiridos

Response Option	Frequency	Percentage
Farming	86	33.5
Trading	63	24.6
Teaching	41	16.0
Nursing	15	5.8
Civil servant	21	8.3
Others	30	11.7
Total	**256**	**100**

Fonte: *Inquérito de campo, 2020*

Sobre a ocupação dos inquiridos na tabela cinco, 86 inquiridos representando 33,6% têm a sua ocupação como agricultores, 63 inquiridos representando 24,6% têm a sua ocupação como comerciantes, 41 inquiridos representando 16,0% estão no ensino, 15 inquiridos representando 5,8 estão na enfermagem, 21 inquiridos representando 8,3% são funcionários públicos e 30 inquiridos representando 11,7 são para outras ocupações. De acordo com os resultados do estudo, um número preponderante de inquiridos são agricultores.

Tabela 6: Residência em Wannune

Response Option	Frequency	Percentage
Yes	256	100
No	0	0
Total	**256**	**100**

Quanto à questão de saber se os inquiridos são residentes em Wannune, tal como consta da tabela 6, 256 inquiridos, representando 100%, concordaram que são residentes em Wannune e nenhum dos inquiridos, representando 0%, admitiu não ser residente em Wannune. Isto baseia-se apenas na população de Wannune.

Quadro 7: Conhecimento das fontes de abastecimento de água em Wannune

Response Option	Frequency	Percentage
Yes	246	96.1
No	3	1.1
Not sure	7	2.8
Total	**256**	**100**

Os resultados disponíveis na tabela sete mostram que 246 inquiridos, representando 96,1%, concordaram que conhecem as fontes de abastecimento de água em Wannune, 3 dos inquiridos, representando 1,1%, negaram conhecer, enquanto 7 inquiridos, representando 2,8%, expressaram a sua falta de certeza. A maioria dos inquiridos concordou que conhece as fontes de abastecimento de água em Wannune.

Tabela 8: Fontes de abastecimento de água em Wannune

Response Option	Frequency	Percentage
Bore holes	43	16.8
Wells	76	29.6
Streams/ rivers	31	12.1
Tap water	4	1.6
Rain water	42	16.4
All of the above	40	15.6
Others	20	7.9
Total	**256**	**100**

Fonte: *Inquérito de campo, 2020*

Ao determinar as fontes de abastecimento de água em Wannune, na tabela oito, 43 inquiridos, representando 16,8%, identificaram furos, 76 inquiridos, representando 29,6%, identificaram poços, 31 inquiridos, representando 12,1%, apontaram riachos/rios, 4 inquiridos, representando 1,6%, disseram água da torneira, 42 inquiridos, representando 16,4%, optaram por água da chuva, 40 inquiridos, representando 15,6%, disseram todas as fontes acima referidas e 20% inquiridos, representando 7,9%, disseram outras fontes. É óbvio que existem fontes divergentes de abastecimento de água em Wannune, tal como se constatou na investigação.

Tabela 9: Fonte predominante de abastecimento de água em Wannune

Response Option	Frequency	Percentage
Bore holes	22	8.6
Wells	143	55.9
Streams/ rivers	42	16.4
Tap water	0	0
Rain water	21	8.2
All of the above	13	5.0
Others	8	3.1
None of the above	7	2.8
Total	**256**	**100**

Fonte: *Inquérito de campo, 2020*

Ao determinar a fonte predominante de abastecimento de água em Wannune, na tabela nove, 22 inquiridos, representando 8,6%, identificaram furos, 148 inquiridos, representando 55,9%, identificaram poços, 42 inquiridos, representando 16,4%, indicaram riachos/rios, 0 inquiridos, representando 0%, disseram água da torneira, 21 inquiridos, representando 8,2%, optaram por água da chuva, 13 inquiridos, representando 5,0%, disseram todas as fontes acima referidas, 8 inquiridos, representando 3,1%, disseram outras fontes e 7 inquiridos, representando 2,8%, disseram nenhuma das fontes acima referidas. É óbvio que a principal fonte de abastecimento de água em Wannune é a água de poço.

Quadro 10: Ideia sobre o estado do abastecimento de água

Response Option	Frequency	Percentage
Yes	236	92.1
No	20	7.9
Total	**256**	**100**

Fonte: *Inquérito de campo, 2020*

A Tabela 10 contém as respostas sobre a ideia do inquirido sobre o estado do abastecimento de água em Wannune, 236 inquiridos representando 92,1% concordaram enquanto 20% representando 7,9% disseram não. Isto quer dizer que todos os inquiridos têm uma ideia sobre o estado do abastecimento de água cm Wannune.

Quadro 11: Situação do abastecimento de água

Response Option	Frequency	Percentage
Sufficient	13	5.0
Scarce	227	88.7
Not sure	16	6.3
Total	**256**	**100**

Fonte: *Inquérito de campo, 2020*

Para determinar o estado do abastecimento de água em Wannune, 13 inquiridos, representando 5,0%, afirmaram que o abastecimento de água é suficiente, 227 dos inquiridos, representando 88,7%, afirmaram que o abastecimento de água é escasso e 16 inquiridos, representando 6,3%, afirmaram não ter a certeza. A esmagadora maioria dos inquiridos afirmou que existe escassez de água em Wannune.

Quadro 12: Grau de suficiência hídrica

Response Option	Frequency	Percentage
Minimal	193	75.3
Moderate	29	11.3
Maximal	13	5.2
I do not know	21	8.2
Total	**256**	**100**

Fonte: *Inquérito de campo, 2020*

A Tabela 12 apresenta as respostas sobre o grau de abastecimento de água em Wannune. 193 inquiridos, representando 75,3%, disseram que é mínimo, 29 inquiridos, representando 11,3%, disseram que é moderado, 13 inquiridos, representando 5,2%, disseram que é máximo e 21 inquiridos, representando 8,2%, disseram que não sabem. A maioria dos inquiridos afirmou que existe um nível mínimo de suficiência de água em Wannune.

Quadro 13: Extensão da escassez de água

Response Option	Frequency	Percentage
Minimal	10	3.9
Moderate	34	13.2
Maximal	196	76.5
I do not know	16	6.3
Total	**256**	**100**

As respostas na tabela 13 mostraram que 10 inquiridos, representando 3,9% dos inquiridos, disseram que o grau de escassez de água é mínimo, 34 inquiridos, representando 13,2%, disseram que é moderado, 196 inquiridos, representando 76,6 inquiridos, disseram que é máximo e 16 inquiridos, representando 6,3%, disseram que não sabem. A maioria dos inquiridos afirmou que existe um nível máximo de escassez de água em Wannune.

Quadro 14: Conhecimento do padrão de consumo de água

Response Option	Frequency	Percentage
Yes	226	88.2
No	11	4.2
Not sure	19	7.6
Total	**256**	**100**

Fonte: *Inquérito de campo, 2020*

A Tabela 14 apresenta as respostas sobre o conhecimento dos inquiridos acerca do padrão de consumo de água. De acordo com as respostas, 226 inquiridos, representando 88,2%, afirmaram ter conhecimentos sobre o padrão de consumo de água em Wannune, 11 inquiridos, representando 4,2%, afirmaram não ter e 19 inquiridos, representando 7,6%, afirmaram não ter a certeza. A maioria dos inquiridos concordou que tem conhecimento do padrão de consumo de água em Wannune.

Quadro 15: Padrão de consumo de água

Response Option	Frequency	Percentage
Bathing	41	16.1
Washing	41	16.1
Toilet	33	12.9
Drinking	43	16.7
Cooking	40	15.6
Others	16	6.2
All of the above	42	16.4
Total	**256**	**100**

Fonte: *Inquérito de campo, 2020*

As respostas disponíveis na tabela 15 mostraram que 41 inquiridos, representando 16,1%, disseram que utilizam a água para tomar banho, 41 inquiridos, representando 16,1%, disseram que utilizam a água para se lavar, 33 inquiridos, representando 12,9%, disseram que utilizam a água para a casa de banho, 43 inquiridos, representando 16,7%, disseram que utilizam a água para beber, 40 inquiridos, representando 15,6%, disseram que utilizam a água para cozinhar, 16 inquiridos, representando 6,2%, disseram que utilizam a água para outros fins e 42 inquiridos, representando 16,4%, disseram que utilizam a água para todos os fins acima referidos. É evidente que os inquiridos utilizam a água para vários fins.

Quadro 16: Principais utilizações da água

Response Option	Frequency	Percentage
Bathing	45	17.6
Washing	40	15.6
Drinking	52	20.4
Toilet	37	14.4
Cooking	41	16.1
Others	18	7.0
All of the above	12	4.6
None of the above	11	4.3
Total	**256**	**100**

Fonte: *Inquérito de campo, 2020*

Os resultados da tabela 16 indicam que 45 inquiridos, representando 17,6%, afirmaram que a água que mais utilizam é para tomar banho, 40 inquiridos, representando 15,6%, afirmaram que a água que mais utilizam é para lavar, 52 inquiridos, representando 20,4%, afirmaram que a água que mais utilizam é para beber, 37 inquiridos, representando 14,4%, afirmaram que a água que mais utilizam é para a casa de banho, 41 inquiridos, representando 16,1%, afirmaram que a água que mais utilizam é para cozinhar e 12 inquiridos, representando 4,6%, afirmaram que a água que mais utilizam é para todos os fins acima referidos e 11 inquiridos, representando 4,6%, afirmaram que a água que mais utilizam é para cozinhar.1% disseram que a água que mais utilizam é para cozinhar, 18 inquiridos, representando 7,0%, disseram que a água que mais utilizam é para outros fins e 12 inquiridos, representando 4,6%, disseram que a água que mais utilizam é para todos os fins acima referidos e 11 inquiridos, representando 4,3%, disseram que não utilizam água para nenhum dos fins acima referidos. Pode notar-se que os inquiridos utilizam a água principalmente para beber.

4.3 Responder às questões de investigação

Caraterísticas demográficas dos inquiridos: As perguntas 1, 2, 3, 4 e 5 do questionário foram concebidas para abordar as caraterísticas demográficas dos inquiridos.

As conclusões disponíveis sobre as caraterísticas demográficas dos inquiridos na componente da idade demonstraram que os que participaram na investigação se enquadram no seguinte escalão etário. Entre os 18 e os 30 anos, há 106 inquiridos, o que representa 41,4%; entre os 31 e os 45 anos, há 96 inquiridos, o que representa 37,5%; entre os 46 e os 60 anos, há 31 inquiridos, o que representa 12,2%; e entre os 61 e mais anos, há 23 inquiridos, o que representa 8,9%.

É evidente que as pessoas com idades compreendidas entre os 18 e os 30 anos são as que mais participam no estudo e as que têm mais de 60 anos são as que menos participam.

Quanto ao género dos inquiridos no quadro 2, 149 inquiridos, representando 58,2%, são do sexo masculino, enquanto 107 inquiridos, representando 41,8%, são do sexo feminino.

Pode observar-se que os inquiridos do sexo masculino estavam mais disponíveis para a investigação. Os inquiridos com outro estatuto foram os que menos contribuíram para as respostas.

Mais ainda, no que diz respeito ao estado civil, 152 inquiridos, representando 59,4%, são casados, 59 inquiridos, representando 23,1%, são solteiros, 13 inquiridos, representando 5,1%, são divorciados, 19 inquiridos, representando 7,4%, são viúvos e 13 inquiridos, representando 5,0%, têm outro estado civil não revelado.

Os inquiridos casados foram os que mais participaram no estudo e os inquiridos com outro estatuto não revelado são os que menos participaram, de acordo com os resultados.

Considerando as qualificações dos inquiridos na tabela 4, 74 inquiridos, representando 28,9%, afirmaram ter FSLC, 93 inquiridos, representando 36,3%, têm SSCE, enquanto 65 inquiridos, representando 25,3 inquiridos, têm Diploma ou NCE, 17 inquiridos, representando 6,7%, têm o primeiro grau e 7 inquiridos, representando 2,8%, têm outras qualificações.

É evidente que a maioria dos inquiridos que participaram na investigação tem apenas qualificações do ensino secundário, enquanto os que têm outras qualificações são mínimos.

Relativamente à ocupação dos inquiridos na tabela 5, 86 inquiridos, representando 33,6%, têm uma ocupação agrícola, 63 inquiridos, representando

24,6%, têm uma ocupação comercial, 41 inquiridos, representando 16,0%, têm uma profissão de professor, 15 inquiridos, representando 5,8, têm uma profissão de enfermeiro, 21 inquiridos, representando 8,3%, são funcionários públicos e 30 inquiridos, representando 11,7, têm outras ocupações.

De acordo com os resultados do estudo, um número preponderante de inquiridos são agricultores, enquanto o menor número de inquiridos são enfermeiros.

Resposta à primeira pergunta de investigação: *Quais são as principais fontes de abastecimento e consumo de água entre a população de Wannune?*

As perguntas 5, 6, 7, 8 e 9 do questionário foram concebidas para responder à primeira pergunta da investigação.

Os resultados disponíveis na tabela sete mostram que 246 inquiridos, representando 96,1%, concordaram que conhecem as fontes de abastecimento de água em Wannune, 3 dos inquiridos, representando 1,1%, negaram conhecer, enquanto 7 inquiridos, representando 2,8%, expressaram a sua falta de certeza.

A maioria dos inquiridos concordou que conhece as fontes de abastecimento de água em Wannune. Pode inferir-se que, uma vez que a água é importante para a vida e que os organismos vivos dependem dela para sobreviver, os inquiridos estão esmagadoramente conscientes disso.

Ao determinar as fontes de abastecimento de água em Wannune, na tabela 8, 43 inquiridos, representando 16,8%, identificaram furos, 76 inquiridos, representando 29,6%, identificaram poços, 31 inquiridos, representando 12,1%, indicaram riachos/rios, 4 inquiridos, representando 16,4%, disseram água da torneira, 42 inquiridos, representando 16,4%, optaram por água da chuva, 40 inquiridos, representando 15,6%, disseram todas as fontes acima referidas e 20% inquiridos, representando 7,9%, disseram outras fontes.

É óbvio que existem fontes divergentes de abastecimento de água em Wannune, tal como se verificou na investigação.

Para determinar a fonte predominante de abastecimento de água em Wannune, a tabela 9 apresenta as respostas. É óbvio que a principal fonte de abastecimento de água em Wannune é a água de poço, uma vez que é representada por 148 ou 55,9%, 8 inquiridos representando 3,1% disseram outras fontes e 7 inquiridos representando 2,8% disseram nenhuma das anteriores.

Resposta à segunda pergunta de investigação: *Qual é o estado do abastecimento de água em Wannune?*

As perguntas 10, 11, 12 e 13 do questionário destinam-se a responder a esta questão de investigação. Os resultados do estudo indicaram que uma proporção esmagadora dos inquiridos, ou seja, 227 ou 88,7%, disse que o abastecimento de água é escasso em Wannune e 16 inquiridos, representando 6,3%, disseram que não tinham a certeza.

A Tabela 12 apresenta as respostas sobre o grau de abastecimento de água em Wannune. 193 inquiridos, representando 75,3%, disseram que é mínimo, 29 inquiridos, representando 11,3%, disseram que é moderado, 13 inquiridos, representando 5,2%, disseram que é máximo e 21 inquiridos, representando 8,2%, disseram que não sabem. A maioria dos inquiridos afirmou que existe um nível mínimo de suficiência de água em Wannune.

As respostas na tabela 13 mostraram que 10 inquiridos, representando 3,9% dos inquiridos, disseram que o grau de escassez de água é mínimo, 34 inquiridos, representando 13,2%, disseram que é moderado, 196 inquiridos, representando 76,6 inquiridos, disseram que é máximo e 16 inquiridos, representando 6,3%, disseram que não sabem. A maioria dos inquiridos afirmou que existe um nível máximo de escassez de água em Wannune.

Responder à terceira pergunta de investigação: *Qual é o padrão de consumo de água da população de Wannnune?*

As perguntas 14, 15 e 16 do questionário foram concebidas para responder a esta questão. Os resultados demonstraram claramente que os inquiridos utilizam a água para vários fins. As respostas disponíveis na tabela 15 mostraram que 41 inquiridos, representando 16,1%, disseram que utilizam a água para tomar banho, 41 inquiridos, representando 16,1%, disseram que utilizam a água para se lavarem, 33 inquiridos, representando 12,9%, disseram que utilizam a água para a casa de banho, 43 inquiridos, representando 16,7%, disseram que utilizam a água para beber, 40 inquiridos, representando 15,6%, disseram que utilizam a água para cozinhar, 16 inquiridos, representando 6,2%, disseram que utilizam a água para outros fins e 42 inquiridos, representando 16,4%, disseram que utilizam a água para todos os fins acima referidos.

4.4 Discussão dos resultados

O estudo tem por objetivo avaliar o abastecimento e o consumo de água na vida da população rural de Wannune. O estudo visa atingir os seguintes objectivos Identificar as principais fontes de abastecimento e consumo de água entre a população de Wannune. Verificar o estado do abastecimento de água na zona. Determinar o padrão de consumo de água da população. As seguintes questões de investigação são formuladas para orientar este estudo: Quais são as principais fontes de abastecimento e consumo de água entre a população de Wannune? Qual é o estado do abastecimento de água na zona? Como é o padrão de consumo de água da população?

A investigação adopta um método de investigação de inquérito quantitativo. O método de inquérito quantitativo é utilizado para recolher dados através de um questionário. O método de investigação quantitativo é utilizado para permitir ao investigador determinar os factores que afectam o abastecimento e o consumo de água entre a população rural de Wannune.

O estudo limita-se aos agregados familiares em Wannune. Centra-se apenas na avaliação do abastecimento e consumo de água na área de estudo em 2021. O estudo irá ainda alargar-se ao estado do abastecimento de água e ao padrão de consumo na área de estudo em 2021.

De acordo com os resultados do estudo, a maioria dos inquiridos concordou que conhece as fontes de abastecimento de água em Wannune. Pode inferir-se que, uma vez que a água é importante para a vida e que os organismos vivos dependem dela para sobreviver, os inquiridos estão esmagadoramente conscientes disso.

Mais ainda, as conclusões do estudo demonstraram que existem fontes divergentes de abastecimento de água em Wannune. As conclusões deste estudo relativas às fontes de abastecimento de água na área de estudo estão em consonância com o estudo de Omarova, Tussupova, Hjorth, Kalishev e

Dosmagambetova (2019), que afirma que a população rural tem de utilizar várias fontes devido à falta de um sistema estável de abastecimento de água nas aldeias. Identificam as fontes de água para incluir poços, água da chuva e água da torneira.

Além disso, as conclusões do estudo indicaram que existe um elevado nível de escassez de água em Wannune. O estudo de Omarova, Tussupova, Hjorth, Kalishev e Dosmagambetova (2019) indica uma relação com o presente estudo, onde é claro que o abastecimento de água rural é frequentemente confrontado com diferentes desafios. Isto porque, de acordo com o estudo anterior, a avaria do sistema tem impacto tanto na quantidade como na qualidade, uma vez que a água é frequentemente de má qualidade após esse evento.

As conclusões também demonstraram que os inquiridos utilizam a água para vários fins. Estes incluem tomar banho, lavar-se, ir à casa de banho, beber e cozinhar. Os resultados destes estão em sintonia com o estudo de Oyesanmi de 2018, que identificou diferentes propósitos de utilização da água para incluir o banho, a lavagem, a bebida, a higiene e outros.

CAPÍTULO CINCO

RESUMO, CONCLUSÃO E RECOMENDAÇÃO

5.1 Preâmbulo

Este capítulo centra-se em três temas: síntese do trabalho, conclusão e recomendações.

5.2 Resumo

O estudo tem por objetivo avaliar o abastecimento e o consumo de água na vida da população rural de Wannune. O estudo visa atingir os seguintes objectivos Identificar as principais fontes de abastecimento e consumo de água entre a população de Wannune. Verificar o estado do abastecimento de água na zona. Determinar o padrão de consumo de água da população. As seguintes questões de investigação são formuladas para orientar este estudo: Quais são as principais fontes de abastecimento e consumo de água entre a população de Wannune? Qual é o estado do abastecimento de água na zona? Como é o padrão de consumo de água da população?

A investigação adopta um método de investigação de inquérito quantitativo. O método de inquérito quantitativo é utilizado para recolher dados através de um questionário. O método de investigação quantitativo é utilizado para permitir ao investigador determinar os factores que afectam o abastecimento e o consumo de água entre a população rural de Wannune.

A população do estudo é constituída por todas as pessoas que residem em Wannune e pelos indivíduos e fontes de abastecimento de água na zona. O questionário é utilizado como método de recolha de dados para o estudo.

O estudo limita-se aos agregados familiares rurais em Wannune. Centra-se apenas na avaliação do abastecimento e consumo de água na área de estudo em 2021. O estudo irá ainda alargar-se ao estado do abastecimento de água e ao padrão de consumo na área de estudo em 2021.

De acordo com os resultados do estudo, a maioria dos inquiridos concordou que conhece as fontes de abastecimento de água em Wannune. Pode inferir-se que, uma vez que a água é importante para a vida e que os organismos vivos dependem dela para sobreviver, os inquiridos estão esmagadoramente conscientes disso.

Mais ainda, as conclusões do estudo demonstraram que existem fontes divergentes de abastecimento de água em Wannune, que incluem 43 inquiridos, representando 16,8%, que identificam furos, 76 inquiridos, representando 29,6%, que identificam poços, 31 inquiridos, representando 12,1%, que indicam riachos/rios, 4 inquiridos, representando 16,4%, que indicam água da torneira, 42 inquiridos, representando 16,4%, que procuram água da chuva, 40 inquiridos, representando 15,6%, que dizem todas as fontes acima referidas e 20% inquiridos, representando 7,9%, que dizem outras fontes.

Além disso, os resultados do estudo indicaram que existe um elevado nível de escassez de água em Wannune. Isto é reforçado por uma proporção esmagadora dos inquiridos, ou seja, 227 ou 88,7%, que afirmam que o abastecimento de água é escasso e 16 inquiridos, representando 6,3%, disseram não ter a certeza.

Os resultados também demonstraram que os inquiridos utilizam a água para vários fins. Estes incluem tomar banho, lavar-se, ir à casa de banho, beber e cozinhar. As respostas disponíveis mostraram que 41 inquiridos, representando 16,1%, afirmaram que utilizam a água para tomar banho, 41 inquiridos, representando 16,1%, afirmaram que utilizam a água para se lavar, 33 inquiridos, representando 12,9%, afirmaram que utilizam a água para fins sanitários, 43 inquiridos, representando 16,7%, afirmaram que utilizam a água para beber, 40 inquiridos, representando 15,6%, afirmaram que utilizam a água para cozinhar, 16 inquiridos, representando 6,2%, afirmaram que utilizam a água para outros fins e 42 inquiridos, representando 16,4%, afirmaram que utilizam a água para todos os fins acima referidos.

5.3 Conclusão

O estudo concluiu que existem fontes divergentes de abastecimento de água em Wannune. Estas incluem poço, chuva, rio/corrente, furo e outras.

Além disso, as conclusões do estudo indicaram que existe um elevado nível de escassez de água em Wannune.

Os resultados também demonstraram que os inquiridos utilizam a água para vários fins. Estes incluem tomar banho, lavar-se, ir à casa de banho, beber e cozinhar.

5.4 Recomendações

Com base nas conclusões do estudo, são feitas as seguintes recomendações:

Pode observar-se que existem fontes divergentes de abastecimento de água em Wannune, que incluem poço, chuva, rio/corrente, furo e outros. No entanto, a água da torneira não existe e os furos são mínimos, de acordo com as conclusões. Acredita-se que estas fontes de água são mais seguras em comparação com os poços que dominam a área de estudo. O governo, os indivíduos bem intencionados e as organizações não governamentais ou agências doadoras deveriam criar água da torneira e mais furos.

Para travar o fenómeno da escassez aguda de água em Wannune, o governo, os indivíduos bem-intencionados e as organizações não governamentais ou agências doadoras deveriam criar água canalizada e mais furos.

Na medida em que existem fontes limitadas de água potável na área de estudo, os residentes da área de estudo não devem ser indiscriminados na utilização da água para fins específicos.

5.5 Sugestão para investigação futura

Este esforço de investigação não pretende ser um ponto de chegada na investigação nesta área de interesse. O estudo utilizou uma metodologia de investigação de inquérito muito abrangente. Pode ser realizado um estudo semelhante para investigar o abastecimento e o consumo de água na vida da população rural numa localização geográfica diferente.

As peculiaridades e as condições sociais dessas pessoas podem ser diferentes. Consequentemente, haverá a possibilidade de chegar a resultados diferentes, o que proporcionará uma outra perspetiva que não só ajudará a compreender melhor o abastecimento de água e o consumo da população rural,

como também terá impacto na tomada de decisões políticas.

63

Bibliografia

Abduro, S. & Sreenivasu, J. (2020). Avaliações da situação do abastecimento de água urbana da cidade de Adama. *Jornal de Investigação em Engenharia Civil da Etiópia, 10*(1), 20-28.

Acharya, G. & Barbier, E., (2002). Utilizar a análise da água doméstica para avaliar a recarga de água subterrânea em hadejia-jama, planície de inundação, Norte da Nigéria. *American Journal of Agricultural Economics, 84,* 415-26.

Adeleye, B, Madayese, S. & Akelola, O. (2014). *Problemas de Abastecimento de Água e Saneamento,* Universidade Federal de Tecnologia, Minna.

Al-Amin M, Mahmud K, Hosen S, Islam M.A. (2011). Padrão de consumo doméstico de água numa aldeia do Bangladesh. In 4th Annual Paper Meet e 1st Civil Engineering.

Ali, M. & Terfa, B. (2012). Estado do abastecimento e consumo de água em áreas urbanas ao nível dos agregados familiares: Um estudo de caso da zona leste de Wollega, Etiópia. *Jornal Britânico de Humanidades e Ciências Sociais, 5* (2), 1-15

Allaire, M. (2009). *Mitigação da Seca na África Semi-Árida: The Potential of Small-Scale Groundwater Irrigation, Projects for sustainable development.* CRC Press.

Ajadi, B.S. (2010). Disponibilidade de Água Portátil e Padrão de Consumo na Metrópole de Ilorin, Nigéria: *Global Journal of Human Social* Science,*10* (6/1), 44 - 50.

Asemah, E, Gujubawu, M, Ekhereto, R. (2012). *Métodos e procedimentos de investigação em comunicação de massas.* Jos: University Press.

Baboo, B. (2009). Politics of water: The case of the Hirakud Dam in Orissa, India [O caso da barragem de Hirakud em Orissa, Índia]. *Revista Internacional de Sociologia e Antropologia, 1,* 139-144.

Bergman, E., (1995). *Geografia Humana: Culture, Connections, and Landscapes.* Editora, Prentice-Hall, Inc.

Biswas A K: "Major Water Problems Facing the World". *International Journal of Water Resources Development, 1,* 1-14.

Carlsson, B. Van Dyk, G, Esterhuyse, C. & Meiring, G. (2010). *O & M Handbook for Water Supply Services - Water Resources in the Northern Cape, Kimberley, África do Sul.* Departamento de Habitação e Governo Local - Cabo Setentrional, Departamento de Assuntos Hídricos e Florestais - Cabo Setentrional e Instituto Sueco de Administração Pública (SIPU) Internacional, 2010.

Crown, (2001). *Gender and Material Inequalities in the Global South [Género e Desigualdades Materiais no Sul Global].* Universidade da Califórnia, Santa Cruz.

Eva, W.M. (2015). *Estudo comparativo das práticas urbanas e rurais de operação e manutenção de sistemas de distribuição de água no município de Kai Canb.* Dissertação de Mestrado, Departamento de Engenharia Civil, Universidade da Cidade do Cabo.

Ezenwaji, E.E., Eduputa, B.M. & Okoye, I.O. (2016). Investigação sobre a demanda e oferta de água residencial na área metropolitana de Enugu. *American Journal of Water Resources* 4(1), 22-29.

Fan, L., Liu, G., Wang, F., Geissen, V., Ritsema, C. J e Tong, Y., (2013). Padrões de utilização e conservação da água em agregados familiares da bacia do rio Wei, China: *Resources, Conservation and Recycling Journal,* (74), 45 - 53.

Gleick, P.H. (2006). *The world's fresh water resource.* Island Press.

Gubar, G.& Lincoln, S. (1994). Paradigmas concorrentes na investigação qualitativa. Em K. Norman & S. Lincoln S. (Eds.), *the Landscape of Qualitative Research.* Thousand Oaks. CA: Sage.

Hill, T.D. & Polsky, C. (2007). Suburbanização e seca: A mixed methods vulnerability assessment in rainy Massachusetts. *Environmental Hazards, 7,* 291-301.

Hota, S. (2014). *Padrão de utilização e consumo de água em áreas urbanas: Um Estudo na Cidade de Sambalpur de Odisha. Dissertação apresentada ao Departamento de Humanidades e Ciências Sociais.* Instituto Nacional de Tecnologia, Rourkela, em cumprimento parcial do requisito para a atribuição do grau de Mestre em Artes em Estudos de Desenvolvimento,

Departamento de Humanidades e Ciências Sociais, Instituto Nacional de Tecnologia, Rourkela.

Jairath, J. (1985). Private Tube Well Utilisation in Punjab, a Study of Cost and Efficiency. *Economic and Political Weekly XX*, (40).

Jethoo e Poonia (2011): "Padrão de consumo de água da cidade de Jaipur (Índia)". *Revista Internacional de Ciência e Desenvolvimento Ambiental*, Vol.2, No.2, abril de 2011.

Koby, C. Y. (2002). *Water distribution.* CRC Press.

Kombol, M. (2005). Preliminary considerations in research writing. Em T. Keghku, R. Ciboh, R. & A. Nwanwene (Eds.), *Reading in Mass Communication.* Makurdi: Selfers Publication.

Kundu, A. (1991). Microambiente no Planeamento Urbano: Access of Poor to Water Supply and Sanitation. *Economic and Political Weekly*.

Kumar, R. (2011). *Metodologia de investigação: Step-by-step guide for beginners.* Singapura: Sage Publication.

Lewis, R. (1999). Fiabilidade e validade - significado e medição. Apresentado na *Reunião Anual de 1999 da Sociedade de Medicina Académica de Emergência (SAEM).* Boston Masschusetic.

MacDonald, A.M, Davies, J., Calow, R.C. & Chilton, J.P. (2005). *Developing Groundwater: A Guide for Rural Water Supply.* ITDG Publishing, Rugby, Reino Unido.

Makino, T., Noda, K., Keokhamphui, K., Hamada, H., Oki, K. & Oki, T. (2016). Os efeitos de cinco formas de capital nos processos de pensamento subjacentes ao comportamento de consumo de água em Vientiane suburbana. *Sustainability, 8,* 538.

Mohammed, A.H. & Sanaullah, P. (2017). Uma análise empírica das fontes de água doméstica, consumo e fatores associados na cidade de Kandahar, Afeganistão. *Revista de Recursos e Ambiente, 17*(2), 49 - 61.

Obeta, M.C. (2018). Abastecimento de água rural na Nigéria: lacunas políticas e direcções futuras. *Política da Água 20*(3), 597-616.

Ohwo, O. & Abotutu, A. (2014). Acesso ao abastecimento de água potável nas cidades nigerianas: Evidências da metrópole de Yenogoa. *American Journal of Water Resources* 2(2), 31- 36.

Olasumbo, M. (2001). *Water Resources Management in Nigeria - Issues and Challenges in a New Millennium (Gestão dos Recursos Hídricos na Nigéria - Questões e Desafios num Novo Milénio)*. Palestra inaugural proferida na Universidade de Agricultura, Estado de Ogun.

Olawade, D. B., Wada, O. Z., Afolalu, T. D., Oladipo, T. C. & Asogbon, O. (2020). Avaliação do abastecimento de água rural em comunidades selecionadas no estado de Osun, Nigéria. *Int J Environ Sci Nat Res.* *26*(1), 55-61.

Omarova, A., Tussupova , K., Hjorth, P., Kalishev, M. & Dosmagambetova, R. (2019). Desafios do abastecimento de água nas zonas rurais: Um estudo de caso do Cazaquistão Central. *Int. J. Environ. Res. Public Health, 16* (688), 1-14.

Omvir, S. & Sushila, T. (2013). Um levantamento dos padrões de consumo doméstico de água em uma vila rural semi-árida, na Índia. *Geo Journal, Ciências Sociais e Humanas espacialmente integradas,* 78 (5), 777-790.

Oyegun, R.O. (1985). The Use and Waste of Water in a Third World City. *Geojournal, 10*(2), 205-210.

Oyesanmi, O. R. (2017). Uma Avaliação do Padrão de Consumo de Água Doméstica na Metrópole de Lokoja, Estado de Kogi. *Revista Internacional de Ciências Sociais, 11* (3), 47-56.

Patel, C. (1980). National Perspective for water resources development (Perspetiva nacional para o desenvolvimento dos recursos hídricos). *Water World, 89.*

Postel, S.L. (2000). Entering an Era of Water Scarcity: The Challenges Ahead. *Ecological Application, 10*(4), 941 - 948.

Reddy, A. A. (2004). Consumption Pattern, Trade and Production Potential of Pulses (Padrão de consumo, comércio e potencial de produção de leguminosas). *Economic and Political Weekly.*

Saldana, J. (2011). *Fundamentos da investigação qualitativa.* Nova Iorque: Oxford University Press.

Sharma, R. N. (2007). Water consumption patterns in Domestic Households in Major Cities (Padrões de consumo de água em agregados familiares nas grandes cidades). *Economic and Political Weekly*, 9 de junho de 2007.

Shan, Y. Yang .L. Perren, K. & Zhang, Y. (2015). *Consumo doméstico de água*

Solomon, B.T. (2011). Uma avaliação do estado do abastecimento de água e saneamento na Etiópia, um caso da cidade de Ambo. *Journal of Sustainable Development in Africa, 13*. Clarion University of Pennsylvania, Clarion, Pensilvânia.

Sullen, C. (2006). Abastecimento de água e questões de água subterrânea nos países em desenvolvimento. *Water International, 25* (1), 82-86.

Tussupova, K., Berndtsson, R., Bramryd, T., Beisenova, R. (2015). Investigando a disposição a pagar para melhorar os serviços de abastecimento de água: Aplicação do método de avaliação contingente. *Water, 7,* 3024-3039.

OMS (2003). O Direito à Água, OMS Genebra.

Wimmer, R. & Dominick, J. (2011). Introduction to mass media research. Thousand Oaks. C.A: Sage Publications.

Weiner, J. (2007). *Medição: Medidas de fiabilidade e validade.* Escola de Saúde Pública Johns Hopkins Bloomberg: Universidade Johns Hopskins.

WSDP (Programa de Desenvolvimento do Setor da Água). (2006). Investigating Options for Self-help Water Supply in Ethiopia (Investigando Opções para Abastecimento de Água de Auto-Ajuda na Etiópia). *Série de Abastecimento de Água do WSP.*

Van Rooijen, D.J., Biggs, T.W., Smout, I. & Drechsel, P. (2007). Urban Growth, Wastewater Production and Use in Irrigated Agriculture: a Comparative Study of Accra, Addis Ababa and Hyderabad. *Irrigation Drainage Systems, 24,* 53-64.

Apêndice II

Instruções: Assinalar a casa [ ] e preencher a lacuna .... consoante o caso.

1. Idade :

    (a) 18-30 [ ] (b) 31-45 [ ] (c) 46-60 [ ] (d) 61 e mais [ ]

2. Género:

    (a) Homem [ ] (b) Mulher [ ]

3. Estado civil:

    (a) Casado [ ] (b) Solteiro [ ] (c) Divorciado [ ] (d) Viúvo [ ] Outros

    (especificar) ....

4. Qualificações académicas:

    (a) FSLC [ ] (b) O Level [ ] (c) Diploma/NCE [ ] (d) Licenciatura [ ] (e)

    Outros (especificar).......

5. Profissão:

    (a) Agricultor [ ] (b) Comerciante [ ] (c) Funcionário público [ ] (d)

    Estudante [ ] (e) Outros (especificar)......

6. É residente em Wannune?

    (a) Sim [ ] (b) Não [ ]

7. Conhece as principais fontes de abastecimento de água em Wannune?

    (a) Sim [ ] (b) Não [ ](c) Não tenho a certeza [ ]

8. Considera que as principais fontes de abastecimento e consumo de água em

    Wannune são as seguintes?

    (a). Furos [ ] (b). Poços [ ] (c) Correntes/Rios [ ](d) Água da torneira [ ](e)

    Água da chuva [ ] (f) [ ] Todas as anteriores [ ] (g) Outras(especificar).......

9. Qual das fontes de água é a mais predominante?

(a). Furos [ ] (b). Poços [ ] (c) Córregos/Rios [ ] (d) Água da torneira [ ] (e) Água da chuva [ ](f) Todas as anteriores [ ](f) Outras (especificar)..... (h) Nenhuma [ ]

10. Tem alguma ideia do estado do abastecimento e do consumo de água em Wannune?

(a) Sim [ ] (b) Não Não tenho a certeza [ ]

11. Pode dizer-se que o abastecimento de água é suficiente ou escasso?

(a)Sim [ ] (b) Não [ ] (c)Não tenho a certeza [ ]

12. Em caso afirmativo, em que medida o abastecimento de água é suficiente?

(a) Mínimo [ ] (b) Moderado [ ] (c) Máximo [ ]

13. Em caso negativo, em que medida é que o abastecimento de água é escasso?

(a) Mínimo [ ] (b) Moderado [ ] (c) Máximo [ ]

14. Tem conhecimento do padrão de consumo de água da população?

(a) Sim [ ] (b) Não [ ] (c) Não tenho a certeza [ ]

15. Para que é que utilizas a água?

(a). Banho [ ] (b)Lavagem [ ] (c) Casa de banho (d) Beber [ ] (e) Cozinhar [ ]

(f) Outros (especificar).....(g) Todas as anteriores [ ]

16. Para que é que utiliza mais a água?

(a). Tomar banho [ ] (b)Lavar-se [ ] (c) Beber [ ] (d) Cozinhar [ ] (e) Outros (especificar).....(f) Todas as anteriores [ ]

Printed by Books on Demand GmbH, Norderstedt / Germany